AF474825

EXPÉRIENCES PUBLIQUE ET PARTICULIERES,

POUR ſervir de ſuite & de preuve à l'Art de ſaire le Vin, principalement en ce qui concerne la fabrication des Vins de raiſins verds.

AVEC le rapport de MM. les Grands-Gardes & Gardes en Charge du Corps des Marchands de Vin à Paris.

ET l'Approbation de MM. les Médecins de la Faculté de Médecine de Paris.

PAR M. MAUPIN.

SECONDE PARTIE.

A PARIS,

Chez MUSIER fils, Libraire, Quai des Auguſtins, au coin de la rue Pavée.

M. DCC. LXXII.

PRÉFACE.

TROP ſouvent abuſé pour n'être pas défiant, le Public ſemble ne plus voir dans les hommes qui ſe préſentent pour l'inſtruire, que des enthouſiaſtes ou des Charlatans prêts à le tromper. De-là l'indocilité, où quelqueſois devroit être la plus grande confiance; de-là l'inutilité des meilleures pratiques & des découvertes qui auroient pû lui devenir les plus avantageuſes.

Ce n'eſt pas, comme on le peut voir, que je blâme toujours ſa défiance; mais, pour lui-même, elle devroit être ſouvent plus éclairée & moins générale; elle devroit être accompagnée d'un examen judicieux & bien réfléchi, & non être, comme elle l'eſt le plus ſouvent, l'effet de la diſtraction & même de la prévention. Autrement n'eſt-il pas à craindre qu'à force d'être découragés, les Citoyens les mieux intentionnés & les plus capables, n'abandonnent enfin une carrière également inutile pour eux & pour le Public ? A force de parler à des hommes qui ne veulent pas entendre, ou qui ne veulent entendre que pour contrarier, on ſe laſſe & on ſe taît. Auſſi, malgré tout, ſeroit-ce le parti que je prendrois ſur les Expériences dont je vais rendre compte, & qui ſont confirmatives des principes & des procédés que j'ai donnés dans l'Art de faire le Vin, principalement en ce qui concerne la fabrication des Vins de raiſins verds, ſi ce n'eſt la confiance dans laquelle je ſuis que mes nouveaux efforts ſeront appuyés de manière à ne pas reſter inutiles.

Il eſt vrai que ces Expériences, & notamment celle que j'ai faite ſous les auſpices du Miniſtre Patriote qui préſide à notre Agriculture, & ſous les yeux du Citoyen éclairé chargé ſous ſes ordres de l'adminiſtration de cette partie importante, ſont de nature à n'être point équivoques & à forcer le préjugé juſques dans ſes derniers retranchements; mais en avouant même les ſuccès, on négligeroit, s'ils n'étoient point accrédités, les moyens qui les ont procurés, &, à l'exception peut-être de quelques curieux, ils ſeroient entierement inutiles au Public, c'eſt-à-dire, au bien de l'Etat, qu'aſſurément j'ai eu ſeul en vue dans mes recherches, & qui ſeul peut m'en donner de la ſatisfaction.

C'eſt dans cette confiance & particulierement pour prouver, contre l'opinion générale, qu'avec des raiſins verds, on peut faire des Vins qui ne le ſoïent pas, ou qui le ſoient beaucoup moins, & à tous égards meilleurs que par le paſſé, que je vais donner le détail des Expériences que j'ai annoncées, à commencer par celle de M. *Parent*, dans laquelle on trouvera tout naturellement l'ordre des opérations qu'il convient de ſuivre dans la fabrication des Vins de raiſins verds; & après avoir fait voir les avantages qui reviendroient au Roi & aux vignobles de l'adoption générale de mes procédés, je finirai par propoſer le projet que je crois le plus propre pour y parvenir.

EXPÉRIENCES

POUR SERVIR

DE SUITE ET DE PREUVE

A L'ART DE FAIRE LE VIN.

EXPÉRIENCE PUBLIQUE,

ou premiere Expérience.

SI, avec des raiſins verds, & ces ſeuls raiſins, j'ai fait de bon vin, & un vin auſſi bon & même meilleur qu'on en fait avec de bons raiſins, ou du moins avec des raiſins beaucoup meilleurs, non-ſeulement j'ai fait ce qu'on n'a jamais fait, & mieux qu'on n'a jamais fait, mais encore tout le monde devroit faire ce que j'ai fait, cette ſeconde propoſition eſt, ce me ſemble, la conſéquence naturelle & forcée de la premiere. Ainſi, prouver celle-ci, c'eſt prouver celle-là. Or la premiére de ces propoſitions eſt prouvée par l'expérience qui fait l'objet de cet article; cependant, pour répandre encore plus de jour ſur cette expérience, pour en établir & marquer encore plus le ſuccès, je crois, relativement aux difficultés que j'ai eu à ſurmonter, devoir, avant tout, faire pluſieurs obſervations & poſer les principes qui ſuivent.

1°. Toutes autres chofes égales, l'expofition au Nord eft beaucoup moins avantageufe pour la qualité des raifins, que l'expofition au Midi ; non-feulement, ce qui eft beaucoup, parce que la maturité des raifins y eft plus tardive & plus imparfaite, mais encore parce que ces raifins contiennent, par proportion, plus d'eau & moins de feu.

2°. C'eft que de deux terres plantées en vignes, celle qui, à raifon de fa nature, retient le plus l'humidité, doit produire des raifins moins mûrs, plus aqueux & plus froids que ceux de la terre qui a les qualités oppofées. Quelle différence les divers grains de terre ne mettent-ils point entre leurs productions ? Cette différence d'une terre chaude à celle qui ne l'eſt pas, peut être telle, ſurtout par rapport à la maturité, qu'elle répare le déſavantage de la ſituation. J'en ai la preuve ſous les yeux. Une plaine de ſable d'un côté, & des côteaux très-bien orientés de l'autre, les vignes de la plaine devancent & ſont en état de vendanger huit jours plutôt que celles des côteaux dont le ſol eſt pourtant excellent, mais d'une terre franche & par conſéquent humide.

3°. C'eſt un fait que les vignes bien fumées & ſuffiſamment graſſes, nourriſſent & mûriſſent mieux leurs fruits & font en général de meilleur Vin que celles qui ne le font pas. Ceci paroîtra à bien des gens qui font dans l'opinion contraire, un pur paradoxe; mais ce n'eſt, ce me ſemble, que faute de réflexion. En effet, pour me renfermer dans le cas préſent, dès que le fumier échauffe la terre, qu'il lui fournit les ſucs qui lui manquoient & qui lui ſont néceſſaires pour une bonne nutrition, & qu'il contient beaucoup d'huile & de phlogiſtique, il s'enſuit que, malgré la contrariété des temps, la végétation doit être plus forte, plus ſoutenue, que la maturité doit être plus prompte, que le Vin doit en contenir plus d'huile & plus de phlogiſtiques, & que par conſéquent il doit, entr'autres qualités, être plus chaud, plus gras & moins verd, puiſqu'il a plus d'huile & d'eſprits, pour envelopper & adoucir ſon acide.

Que dans les années très-chaudes, ce qui eſt fort rare ici, le fumier, ſur-tout quand il eſt porté à l'excès, puiſſe avoir quelques inconvéniens en ce qu'il rend les Vins très-huileux & très-diſpoſés à tourner à la graiſſe; cela peut être, principalement dans la maniere très défectueuſe dont on s'y prend pour façonner les Vins; mais il n'en eſt pas moins vrai que dans nos Provinces ſeptentrionales, & dans les années ordinaires, le fumier contribue beaucoup à la maturité des raisins & à diminuer l'acidité des Vins. Qu'on interroge bien les Vignerons, & en général toutes les personnes au fait de la Vigne, & on verra que, la matiere bien éclaircie, le plus grand nombre se rangera à mon avis, & conviendra, comme je l'ai dit en commençant, que les vignes bien fumées & suffisamment grasses, font de meilleur vin & moins verd que celles qui ne le sont pas: ce qui est vrai, & cette remarque est importante, non-seulement à égal degré de maturité, mais encore à égal degré de verdeur, ensorte que, raisins verds pour raisins verds, ceux qui proviennent de vignes graſſes ou qui ont les qualités dont j'ai fait mention dans les articles précédents, donnent une liqueur préférable à celles que donneroient des vignes qui manquent de ces qualités.

De toutes ces obſervations il réſulte que ſi, dans l'Expérience préſente, j'ai eu tout à la fois, comme cela eſt, le déſavantage de l'expoſition, du grain de terre, que les vignes dont les raiſins m'ont ſervi à faire cette Expérience, n'étant rentrées à M. *Parent* que cette année, ne ſe ſoient pas trouvées auſſi graſſes que celles des vins de comparaiſon, il réſulte, dis-je, que ſi toutes ces circonſtances contraires ſe ſont réunies à la verdeur des raiſins que j'ai employés, pour les dépraver encore plus, & que cependant le vin provenu de ces raiſins égale & ſurpaſſe les vins auxquels il a été comparé, un pareil ſuccès ne peut être imputé qu'à la maniere dont ce vin a été fait.

Mais les déſavantages dont je viens de parler ne ſont pas les ſeuls que j'aye eu à vaincre; la grande diſproportion de la vendange avec la cuve dans laquelle s'eſt fait le vin, ne doit pas être regardée comme un des moins conſidérables, puiſque d'un côté la fermentation, ſi néceſſaire, eſt bien moins parfaite dans une moindre épaiſſeur que dane une plus grande, & que, de l'autre, où il y a plus de surface, il y a proportionnellement plus de déperdition de chaleur & d'esprits, il n'y a aucun Chymiste qui ne sache & qui ne confirme ces principes : or, comme on le verra, la cuve dont je me suis servi avoit cinq pieds deux pouces de profondeur sur sept de large, & la vendange n'en occupoit que deux pieds ; ainsi l'épaisseur de la vendange étoit de deux pieds sur sept de surface, c'est-à-dire, que l'épaisseur & la surface étoient dans les proportions inverses de ce que, pour l'avantage de l'épreuve, elles auroient dû être.

Je pourrois, pour ne rien négliger rappeller ici ce que j'ai déja établi comme principe dans l'Art de faire le Vin, que la fermentation en général eſt d'autant plus grande & plus complette que, toutes autres choſes égales, le vaiſſeau dans lequel ſe fait le vin, contient une plus grande quantité de vendange : mais je m'en tiens à ce que j'ai dit ſur les autres objets, & je paſſe à l'Expérience qui fait la matiere de cet article. Je commencerai le récit de cette Expérience, faite, comme je l'ai dit, en préſence de M. *Parent*, & rédigée ſous ſes yeux, par quelques remarques qui m'ont paru néceſſaires pour conſtater au juſte la qualité des raiſins & le dégré du ſuccès, après quoi j'entrerai dans le détail des opérations.

Vin de M. Parent.

Du 7 Octobre 1771.

Les vignes dont on va parler, plus ou moins bien placées, sont toutes situées à Séve, près Paris, & tournées au Nord: le sol, quoiqu'en partie graveleux, est plus humide que sec, & par conséquent plus froid que chaud.

Celles de ces vignes qui ont été vendangées cejourd'hui 7 Octobre, ont rendu onze piéces ou demi-queue de vendange, peu pressées: on peut les évaluer à environ six piéces pleines & bien foulées.

Le 8, les vignes qui ont été

vendangées, en partie vignes faites, en partie jeunes plantes, en partie vieilles vignes à arracher, ont donné environ huit à neuf piéces de vendange, pleines & foulées comme la veille.

Le 9, les deux ſeules piéces de vendange que l'on ait apportées aujourd'hui, & par leſquelles on a fini, ne ſont point foulées non plus que les deux dernieres d'hier. Elles ſont deſtinées à échauffer la cuve. J'eſtime que la totalité de la vendange peut être évaluée à environ douze demi-queues pleines & bien foulées.

A l'égard de la qualité, très-peu, ou même point de raiſins entierement mûrs ; & ceux qui pourroient paſſer pour l'être, ne ſont que doux, & point du tout ſucrés : le reſte, aux trois quarts à moitié mûrs. Il y a une très-grande quantité de grapes qui n'ont pas même commencé à raiſiner ou à tourner ; enſorte que des raiſins noirs il y en a beaucoup qui ſont à peine rouges, & même qui ne le ſont pas. On a apporté, entr'autres, des vieilles vignes, deux fortes demi-queues bien foulées dont la vendange n'étoit précisément que du verjus, ſans qu'aucun raiſin eût pris ſa couleur. En général je regarde la vendange comme ayant ſi peu de maturité, qu'il n'eſt guères poſſible qu'elle en ait moins : auſſi malgré le foulage & la parfaite expreſſion qui a détaché de la bour-

ſe

ſe des raiſins, les parties les plus muqueuſes & les plus mûres, & par conſéquent les plus propres à adoucir la liqueur, le moût composé de la maſſe de tous ces raiſins, au lieu d'être ſucré ou au moins doux, eſt-il très-acide (*a*); & il y a d'autant moins lieu de s'en étonner, que vû, du plus au moins, la verdeur générale des raiſins, on n'en a fait aucun triage, & qu'on les a mis tous enſemble ſans diſtinction de pourris, de verdillons & de verjus;

(*a*) Ce moût eſt ſi piquant, que, chez moi au moins, je ne me ſouviens pas d'en avoir vu de tel, non-ſeulement en 1767, mais même en 1763 où la vendange pourtant avoit une ſi grande verdeur, mais moindre que celle dont il s'agit.

de maniere qu'on n'en a mis absolument aucun au rebut.

Quoi qu'il en soit, les 7 & 8 les raisins, dont heureusement la plus grande partie est composée du raisin appellé Meunier, & par conséquent de cépage noir, ont été foulés & égrapés par deux hommes qui n'ont pas toujours été fournis, à mesure que ces raisins arrivoient de la vigne. Les premiers qui ont été foulés, l'ont été au pied, chacun dans la futaille qui les contenoit; mais la vendange étoit si dure, que pour expédier & parvenir à l'écraser parfaitement, il a fallu changer & avoir recours à des pilettes, encore ces instrumens ne nous auroient-ils pas suffi, si, pour faciliter le foulage, nous n'avions pris le parti de faire alternativement retirer le moût, & écraser la vendange de chaque piéce jusqu'à cinq & même jusqu'à six reprises de suite. Ces raisins sont si parfaitement verds, que plus généralement ce n'est qu'au cinquiéme & sixiéme foulage qu'ils ont commencé à teindre la liqueur. Aussi n'est-ce qu'avec beaucoup de peine que nous sommes parvenus à donner à tout le moût une couleur passablement foncée. Hier au soir, dans la vue, non d'accroître, mais seulement d'accélérer la fermentation, on a versé dans la cuve, par l'entonnoir de fer-blanc (*b*),

(*b*) Voyez la Description de cet Entonnoir

ſept ſeaux de raiſins bouillans; enſuite de quoi la cuve, en attendant mieux, a été couverte avec une couverture de laine. J'oubliois de dire, qu'avant de mettre les raiſins bouillans, deux hommes avoient remué le marc pendant une demi-heure; ce qui n'eſt pas aſſez.

Cejourd'hui 9, à ſix heures du matin, en prêtant l'oreille au-deſſus de la cuve, on l'entend bouillonner, mais très-peu. Le

---

Economique à la page 61 de la premiere Partie. Je l'appelle Economique, & il l'eſt, parce que par ſon moyen, avec moitié moins de chaudronnées on échauffe la cuve, autant qu'on pourroit le faire avec le double de chaudronnées employées de toute autre maniere : ce qui économiſe bois & temps.

marc couvre en partie le moût, & par conséquent est encore en partie dedans. Ceci confirme bien ce que nous avons observé plus haut sur la parfaite verdeur de la vendange : car après deux jours du foulage le plus complet & d'un temps doux & sec, après sept seaux de raisins bouillans entonnés comme ils l'ont été, & la précaution que nous avons prise de couvrir la cuve, il étoit naturel, & tout le monde en conviendra, que le marc fût levé & couvrît entierement le moût : & cependant à présent, c'est-à-dire, douze heures après ces deux journées employées à fouler, & les autres véhicules dont on vient de parler, il y a si peu de fermentation, que le marc n'est qu'à demi-soulevé: quoi qu'il en soit, à deux heures après midi le marc couvre le moût, & l'agitation est plus forte, la vapeur toujours acide, ou un peu aigre. A sept heures la vapeur toujours sensiblement impregnée d'acide; c'est ce qui nous a déterminés à retirer la couverture, afin de ne pas retenir dans la cuve, ou plutôt dans le vin, un principe qui n'y est déja que trop abondant. La cuve qui, avant d'y jetter les raisins chauds, étoit à seize pouces & demi de haut, est, actuellement neuf heures, à dix-sept & demi; ce qui, en comptant un demi-pouce pour ces raisins, n'en fait qu'autant d'élévation depuis le 8 neuf heures du soir, jusqu'au 9 pareille heure, c'est-à-dire en vingt-quatre heures.

Le 10, à six heures du matin, la fermentation un peu plus forte, la vapeur encore un peu acide, le moût un peu plus doux, mais toujours avec un arriere-goût de verdeur. Il est d'un très-beau rouge, qui n'est qu'un peu plus que couleur de cerise, après avoir été filtré au papier gris. J'ai mâché du marc pris à la superficie; il ne m'a pas paru verd; je l'ai trouvé un peu vineux; d'où j'ai jugé qu'il étoit temps de mettre les raisins chauds & de couvrir. En conséquence, le dessus de bois a été posé immédiatement ſur le marc (*c*), & on s'eſt mis à égraper la vendange qui avoit été réſervée pour échauffer la cuve.

A neuf heures du matin on a entonné la première chaudronnée réduite d'environ un pouce ſur huit. A dix heures la ſeconde réduite à peu près de même. A onze heures autre chaudronnée

(*c*) Ce fond eſt composé de planches de bois de chêne, de l'épaiſſeur de plus de ſix lignes. Comme les piéces ne tiennent point enſemble, ce fond en eſt beaucoup plus maniable, & il en réſulte qu'il ſuit abſolument le mouvement du marc; enſorte qu'il leve & baiſſe avec lui. C'eſt, ſans contredit, la meilleure maniere de couvrir, & la plus ſûre pour retenir la chaleur & les eſprits dans le vin. Au reſte il n'eſt pas néceſſaire que les planches & le fond joignent avec la plus parfaite préciſion.

réduite d'un bon pouce. A midi autre chaudronnée de raisins seulement bouillis. A une heure, autre peu réduite. A trois heures, le vin moins verd, & même doux: il nous a semblé beaucoup plus agréable que le premier. Je compte le marc monté d'environ vingt & une lignes: la fermentation est sensiblement augmentée dès la premiere chauffe. Le second vin filtré jugé un peu plus rouge que l'autre. A quatre heures, une chaudronnée, réduite de deux pouces; & depuis, jusqu'à cinq heures & demie, deux autres chaudronnées très-épaisses de marc, à peine bouillies: le fumet très-fort; la fermentation assez vigoureuse pour que, malgré la très-petite épaiſſeur du marc, le fond ou deſſus ait pu ſupporter un homme ſans enfoncer. Depuis cinq heures & demie juſqu'à ſept heures un quart, deux autres pareilles chaudronnées : la cuve boue prodigieuſement ; le fumet, quoique concentré dans l'intérieur de la cuve, très-grand. La derniere chaudronnée a été mêlée avec un peu plus qu'une chaudronnée de marc non chauffé; la chaleur qu'exhale la cuve eſt très-ſenſible, à un pied du bord, autrement dit à deux pieds du marc, la cuve ayant trois pieds de vuide. Ce matin elle en avoit trois pieds trois pouces. Le vin tiré à ſix heures trouvé par M. *Parent* plus verd que le premier qui a été filtré. A neuf heures une chaudronnée de deux ſeaux, réduite à moitié; la fermentation très-bouillonnante; on l'entend au pied de la cuve, l'oreille colée deſſus. A dix heures, le vin trouble & chaud par les chaudronnées; le vin plus verd, à mon avis, qu'il n'a encore été.

Le 11 à 6 heures du matin le bouillonnement me paroît auſſi fort à la ſuperficie qu'il l'étoit hier; mais au pied de la cuve, à travers l'épaiſſeur du bois, on entend beaucoup mieux le frémiſſement & l'agitation du vin qu'auparavant; cependant le vin ne mouſſe point, ne fait point de broüe au-deſſus du marc, comme cela arrive dans les grandes fermentations. Le marc eſt élevé d'un demi-pouce de plus ; ainſi le vuide n'eſt plus que de trois pieds moins un demi-pouce. C'eſt aſſurément beaucoup trop : comme l'air eſt à préſent plus froid que ces jours paſſés qu'il a été très-doux, nous avons fait remettre ſur la cuve la couverture que nous en avions fait ôter. A neuf heures j'ai goûté du vin tiré hier à dix heures du ſoir, le même qui m'avoit paru avoir tant de verdeur, & j'ai été fort ſurpris de lui trouver très-peu d'acidité & une ſaveur ſucrée qu'il n'avoit point le ſoir & que n'ont point eu les autres. La raiſon d'un ſi ſubit changement eſt, d'un côté, la filtration qui a dépouillé le vin de ſa lie, qui, en effet, eſt dépoſée ſur le papier; & de l'autre, les raiſins bouillis, ſur-tout les derniers, qui ayant été réduits à moitié, ont donné un moût concentré devenu par-là une eſpéce de ſucre dont une partie eſt paſſée avec ce vin, tiré peu de temps après qu'ils ont été entonnés dans la cuve.

Au ſurplus, pour mettre à portée d'eſtimer à-peu-près l'évaporation & la réduction opérée par la cuite du moût, j'obſerverai que chaque chaudronnée ou chauffe étoit compoſée de deux ſeaux pleins, faiſant dans la chaudiere huit pouces d'épaiſſeur; que les trois premieres ont été réduitesde chacune un pouce;

ce qui, pour les trois, fait trois pouces; que la chaudronnée de quatre heures a été réduite de deux pouces, qui, ajoutés aux trois ci-dessus, en font cinq, ou même, si l'on veut, six. C'est donc en tout six pouces d'évaporation; la chaudronnée, comme je viens de le dire, est de deux seaux, faisant huit pouces d'épaisseur, ainsi ces six pouces faisant les trois quarts de huit, il s'ensuit que l'évaporation des quatre chaudronnées dont il s'agit, est d'un seau & demi, & par conséquent qu'il y a dans le vin un seau & demi d'eau de moins, ou plutôt deux & demi, en y comprenant l'évaporation de la derniere chaudronnée, réduite de deux ſeaux à un. Ces deux ſeaux & demi ſont à-peu-près la ſoixantiéme partie de la totalité du vin, qui apparemment n'ira guères à moins de ſix muids ou de cent quarante-quatre ſeaux (*d*).

A l'égard de la proportion des raiſins chauds ou bouillis avec la quantité de la vendange; la totalité de la vendange peut, comme je l'ai dit, être eſtimée à douze demi queues pleines & bien foulées. Les quatre futailles remplies de raiſins à grapes ſéches & réſervées pour faire chauffer, peuvent être eſtimées à deux demi-queues pleines & bien foulées,

---

(*d*) On verra ci-après que, tout compris, le produit total a été de cent ſoixante ſeaux au moins.

c'eſt-à-dire à la ſixiéme partie, & c'eſt tout au plus.

A midi, la fermentation & tout le reſte comme à ſix heures du matin. A quatre heures, à-peu-près de même : cependant le marc baiſſé d'un demi-pouce. Dès le matin, nous avons remarqué que le bas de la cuve, la partie où eſt le vin, étoit tiéde, tandis qu'au-deſſus le bois eſt froid. A ſept heures, le marc encore un peu baiſſé, l'agitation auſſi forte dans la partie inférieure de la cuve, & moins de bruit au-deſſus. A onze heures, le marc à la même élévation, peu de différence dans la fermentation.

Le 12, à ſept heures du matin, le marc auſſi élevé que la veille, le vin très-chaud & commençant à se faire; cependant le fumet qui eſt encore grand n'eſt point encore vineux, attendu que la fermentation eſt toujours forte quoique diminuée de ce qu'elle étoit hier.

A cinq heures du ſoir, le marc auſſi élevé que le matin, le fumet moins grand, mais aſſez pour éteindre la lumiere, ſoit que ce fumet provienne de la continuation de la fermentation, ſoit qu'il ait été retenu dans la cuve par la couverture qui la couvre; ce qu'il y a de vrai c'eſt que, ſoit du haut, ſoit du bas, le bruit eſt beaucoup diminué; néanmoins il paroît certain par celui qu'on entend, qu'il y a encore fermentation. Le vin que nous avons goûté très chaud, très-trouble & plus pâle. Il eſt plus vin que ce matin; il ſent le cuit & a un peu de verd : au reſte il n'eſt pas poſſible de le juger.

Le 13, à ſix heures du matin, le marc baiſſé d'environ neuf lignes. Si on entend encore quelque mouvement dans le vin, on en entend très-peu auſſi-bien que dans le marc, où cependant on en entend plus diſtinctement. On peut regarder la fermentation comme inſenſible. La tête dans la cuve, on ne ſent plus le fumet de la fermentation, le marc exhale très-peu d'odeur vineuſe.

A huit heures, le deſſus ou fond de bois levé, l'odeur vineuſe eſt à-peu-près la même ; ce qu'il faut peut-être attribuer, d'un côté, à l'humidité du marc qui étant encore très-gras, abſorbe les eſprits ; & de l'autre, à l'excès du muqueux acide ſur le muqueux doux, qui ſeul peut donner les eſprits : auſſi le principal objet qu'on ſe propoſe, en perfectionnant la fermentation, eſt-il de dégager ce muqueux doux de la partie acide qui l'enveloppe dans les raiſins verds, afin de le mettre en état de former des eſprits, ce que ſans cela il ne pourroit faire ; au ſurplus, le vin chaud & verd. Dans la vue de précipiter dans le clair les parties colorantes & les eſprits qui peuvent être engagés dans le marc, on a tiré par la canelle 20 seaux pleins de vin qui ont été versés sur le marc, lequel a été ensuite recouvert avec le dessus de bois.

A trois heures après-midi, le vin a été tiré : on a empli sept demi-queues d'environ deux cent quarante bouteilles chacune, non compris ce qui en reste dans le marc qu'on ne peut guères évaluer qu'à une piéce, attendu l'excès du foulage. Ce vin est très-chaud ; mais comme il est fait, il ne jette nullement dans le tonneau : il s'en faut qu'il ne soit noir, mais la couleur en est belle pour le peu de maturité des raisins.

A l'égard de sa qualité, quoiqu'encore très-acide, il y a lieu de croire, par ce qu'il annonce, qu'il justifiera les soins qu'on a pris à le faire; mais on ne le sçaura bien au juste que quand il sera clair.

La présente Expérience faite & rédigée jour par jour en ma présence, par M. *Maupin*, qui m'a remis cejourd'hui le présent double, qu'en ce qui concerne les faits & opérations de ladite Expérience, je certifie entierement conforme à la vérité. Fait au Château de Séve, le 14 Octobre 1771. *Signé* PARENT, Conseiller en la Cour des Monnoies & Député au Conseil Royal de Commerce pour la Province de Picardie.

Tels sont les faits & les circonſtances de cette Expérience; mais ce n'eſt point aſſez de les avoir rapportés, il eſt encore néceſſaire de faire connoître les ſuccès dont cette épreuve a été ſuivie. C'eſt ce qu'on va voir dans le Procès-verbal qui ſuit.

PROCÈS-VERBAL des déguſtation & comparaiſon faites du vin de l'Expérience ci-deſſus & autres vins y mentionnés, par MM. les Grands-Gardes & Gardes en Charge du Corps des Marchands de Vin à Paris.

L'AN mil ſept cent ſoixante-onze, le dix-neuviéme jour de Décembre, avant midi, Nous, Grands-Gardes & Gardes en Charge & Anciens Grands-Gardes du Corps des Marchands de Vin à Paris, soussignés, certifions, qu'en exécution des ordres de M. le Lieutenant-Général de Police à nous adressés pour la dégustation & comparaison des vins ci-après mentionnés les uns aux autres, & sur la réquisition de M. *Parent*, Conseiller en la Cour des Monnoies à Paris, Député du Commerce & premier Commis de Monseigneur *Bertin*, Ministre & Secrétaire d'Etat, nous nous sommes transportés au Château de mondit Sieur Parent, sis à Séve, que nous y avons trouvé, & après lui avoir annoncé le sujet de nos transport & démarche, il nous a dit que, dans la vue de connoître de la maniere la plus certaine l'utilité que le Public peut retirer de la façon mise en usage par M. *Maupin*, pour perfectionner les vins en les façonnant dans la cuve & particulierement ceux qui se font avec des raisins qualifiés verds par le défaut de maturité dans le temps ordinaire des récoltes, il auroit, après en avoir communiqué avec Monseigneur *Bertin*, engagé M. *Maupin* à faire l'épreuve de ses procédés sur la vendange des vignes que lui, M. Parent, fait valoir à Séve; ce qui a été exécuté au mois d'Octobre dernier, sur des raisins d'autant plus verds, qu'indépendamment de toute autre cause, ils ont été récoltés sur un côteau exposé au Nord,

Nord, & qu'il nous a fait voir; que par une ſuite des mêmes vues qui l'ont porté à faire ladite Epreuve, il nous requiert de vouloir bien faire la déguſtation du vin de ladite Expérience & d'en faire la comparaiſon avec pluſieurs autres vins du même canton, que nous ferons prendre chez tels Vignerons ou autres habitans du même lieu que nous jugerons à propos: en conſéquence deſquelles déclarations & réquiſitions ci-deſſus, nous, Grands-Gardes & Gardes ſuſdits & ſouſſignés, avons fait les démarches & pris les précautions que nous avons eſtimé convenables, pour nous procurer pluſieurs eſſais de vin du même canton & de différentes expositions, & particulierement de celles des mieux situées pour la maturité : nous avons obtenu cinq essais ; sçavoir, le premier provenant du nommé *Boucher*, le second du nommé *Breton*, le troisiéme de *Robert Firly*, tous trois Vignerons ; le quatriéme pris chez le sieur *Cordier*, & le cinquiéme chez la veuve *Tortu* : ensuite, M. *Parent* nous a conduits dans sa cave, où nous avons trouvé six demi-queues, pleines de vin rouge nouveau, qu'il nous a dit avoir été façonné suivant la nouvelle méthode de M. *Maupin*, en présence duquel, ainsi que de celle de M. *Parent*, nous avons goûté lesdites six demi-queues de vin que nous avons trouvées égales en goût & en couleur : nous avons goûté les cinq essais avec l'attention & les précautions qui nous sont ordinaires lorsque nous goûtons un certain nombre de piéces de vin les unes après les autres, pour mieux en connoître la différence; & nous étant communiqué nos sentimens, » Nous avons été » unanimement d'avis que le » vin de M. *Parent* est d'un goût » supérieur à celui des cinq essais; » que la couleur en est plus belle, » & qu'il a beaucoup moins de » verd ; ce qui le rend plus esti- » mable & préférable, à tous » égards, à ceux du même can- » ton, quoiqu'on nous ait assuré » que les raisins du vignoble de

» M. *Parent*, avec lesquels on a » formé lesdites six piéces de vin, » étoient tellement verds qu'on » avoit peine à les écraser ». Mais nous n'avons pas été surpris de la différence de ce vin & de sa supériorité sur ceux des essais en question, lorsque nous avons sçu que, par la méthode de M. *Maupin*, on avoit ôté exactement la rafle du bois des grapes, ce qui se pratique dans plusieurs vignobles, & particulierement en Bourgogne, parce qu'on a reconnu que le bois des grapes donnoit de l'âcreté & un goût désagréable au vin dans lequel il fermente. D'un autre côté, les différentes chaudronnées de vin bouilli, jettées dans la cuve ou dans les tonneaux, ſuivant la méthode de M. *Maupin* (*e*), procurent aux raiſins verds une eſpéce de coction, qui tient lieu d'une portion de maturité qu'il ne peut acquérir par le défaut de chaleur du ſoleil. (*f*). Cette

---

(*e*) Ma méthode eſt de les jetter dans la cuve.

(*f*) Il eſt certain, en général, que les raiſins bouillis, de quelque maniere qu'ils agiſſent, ſont très-avantageux ; il eſt encore certain que, dans le cas préſent, ils ont beaucoup contribué à la ſupériorité du vin de l'Expérience, & que l'égrapage y a fait auſſi ; mais on ſe tromperoit fort ſi on n'imputoit cette ſupériorité qu'à ces deux cauſes. Toutes les opérations & manipulations que j'ai employées y ont également concouru. C'eſt à toutes ces opérations & manipulations, dont l'à-propos & l'enſemble généralement ignorés, ſont la partie eſſentielle de l'art, & le conſtituent tel, qu'il faut

méthode eſt une découverte intéreſſante & utile au Public, qui doit en ſavoir gré à l'Auteur.
» A notre égard, nous certifions » que le vin de M. *Parent*, ſur » lequel l'Expérience a été pra» tiquée, eſt beaucoup plus eſti» mable & préférable, à tous » égards, à ceux de tous les eſſais » que nous avons goûtés «. En foi de quoi nous avons ſigné le préſent, pour rendre juſtice à la vérité, valoir & ſervir en temps & lieu, & à qui il appartiendra, ce que de raiſon, les jour & an que deſſus. *Signé*, LE RAT, DE COURTIVES, MORE, GERMEAU, DELAUNAY, MAZANGE & BOULARD.

---

attribuer le ſuccès diſtingué de l'Expérience dont il s'agit.

Je n'appuierai point sur les conséquences de ce rapport. D'un côté, il est fait par les personnes les moins suspectes, & assurément les plus capables ; & de l'autre, il dit tout à l'avantage de mes procédés. Rien donc de mieux à faire que de les adopter : on en trouvera encore de nouvelles raisons dans les Expériences qui suivent.

SECONDE EXPÉRIENCE.

Je ne rappellerai point ici les épreuves & les succès que j'ai déja publiés dans l'*Art de faire le Vin*; on peut les y voir : cependant comme je n'ai fait qu'y annoncer mon Expérience de 1770, & que cette Expérience est intéreſſante à pluſieurs égards, je crois devoir en donner le détail.

Les circonſtances ne me permettant pas de veiller, le jour même de mes vendanges, à l'exécution des opérations que je me propoſois d'employer, je me contentai de faire ramaſſer les raiſins ſans leur donner aucune façon. Le lendemain je les fis parfaitement fouler au pied dans une baignoir, & enſuite entierement égraper. Le moût, par le ſeul foulage, étoit d'un très-beau rouge. Ces opérations, vû la très-petite quantité de vendange, furent achevées ſur les onze heures du matin. Avant midi le marc étoit déja levé; ce qui me détermina à le couvrir avec un deſſus de bois, comme dans la premiere Expérience, & à faire entonner, presque tout aussitôt, la premiere chaudronnée de vin chaud. Dans le reste de la journée on en mit encore plusieurs autres jusqu'à concurrence d'un peu plus que le quart du vin que pouvoit produire la totalité de la vendange. Je ne m'en tins pas là; comme je voulois connoître par moi-même l'effet de la concentration & de l'épaississement du moût, je fis réduire une partie de ce vin bouilli, à près de moitié. J'estime l'évaporation au 20e au total. Dès le soir la fermentation étoit déja grande. Le lendemain elle étoit encore plus forte, & elle s'est soutenue presque au même degré pendant deux fois vingt-quatre heures. Au bout de soixante heures elle étoit bien diminuée, & le marc commençoit à exhaler un peu d'odeur vineuse. Cependant comme les raisins avoient de la verdeur, & qu'à en juger par le bruit assez grand qu'on entendoit encore, non dans le marc, ce qui ne décide pas, mais dans le clair, dans le vin même, je ne jugeai point qu'il fût temps encore de décuver mon vin; ce n'est qu'au bout des trois jours complets que je l'ai fait tirer.

» Il s'est trouvé très-riche en » couleur, & en tout hors de » comparaison avec les autres » vins du même lieu. C'étoit une

» qualité toute différente, & bien » supérieure : aussi ce vin que, » dans la vue de sonder le goût » du Public, j'ai fait mettre en » partie en débit à Saint-Germain » en Laye, a-t-il été enlevé aussi-» tôt que connu. Dans le très-» petit nombre de personnes qui » ont pu en avoir connoissance, » les unes se sont hâtées d'en » boire, & les autres d'en faire » provision, pour le mettre en » bouteilles, & s'en faire fête » & à leurs amis. Qu'on juge par-» là de ce qu'il étoit «. Un pareil empressement prouve tout en faveur de l'excellence du vin & des opérations que j'ai mises en usage pour le faire. Il prouve encore que le goût de cuit qu'avoit ce vin, & que j'avois eu deſſein de lui donner par la réduction d'une partie du moût, bien loin d'éloigner le Public, quand il eſt réuni aux autres qualités, eſt très-propre au contraire à l'attirer.

TROISIÈME EXPÉRIENCE.

Les Eſſais que je vais préſenter ſont rapportés dans la Feuille du 20 Avril dernier, n°. 32. de la *Gazette du Commerce*.

Au Pont-Beauvoiſin, y eſt-il dit, pluſieurs particuliers ont eſſayé l'année derniere de perfectionner la fabrication de leur vin en ſuivant la nouvelle méthode, c'eſt à-dire, qu'ils ont commencé par faire du moût, en écraſant les

les raiſins qu'ils ont enſuite fait bouillir, & qu'ils en ont jetté des ſeaux bouillans dans la cuve : après avoir exactement couvert la cuve, ils ont laiſſé fermenter les raiſins. Lorſqu'ils ſe ſont apperçus que la fermentation s'affoibliſſoit, ils ont tiré le vin clair & preſſé la vendange; après quoi ils ont ſuivi les procédés ordinaires pour conſerver leur vin. » Leurs eſſais ont parfaitement » réuſſi : leur vin s'eſt trouvé beau» coup meilleur & plus mûr que » celui qui a été fait à la maniere » accoutumée, & qui a été âpre, » verd, &c. «

Ces eſſais, quel que ſoit le véritable lieu où ils ont été faits, doivent d'autant plus ſe regarder comme certains, que le résultat s'en accorde parfaitement avec celui de toutes les Expériences que je produis dans ce Mémoire.

QUATRIEME EXPÉRIENCE.

Cette Expérience est encore rapportée dans une des Feuilles de la *Gazette du Commerce* du 15 Juin dernier, n°. 48.

La méthode de faire le vin, par M. *Maupin*, peut avoir son utilité. (C'est un des Correspondans de la Gazette qui parle.....) » Les vins durs, âcres, &c. de» viennent par-là potables, & le » deviennent promptement.. » Un Bourgeois de Châalons-sur-Saône ayant voulu suivre cette méthode, son Vigneron s'y opposoit formellement, & vouloit faire sa moitié à part; mais le Bourgeois ne doutant point du succès, lui promit de le dédommager en cas de perte. Le Vigneron se rendit, & fit le vin de la maniere que le Propriétaire lui avoit prescrite. » Trois ou quatre mois après, le » vin se trouva très-agréable à » boire, & on lui trouva une » qualité supérieure. «

Il est vrai qu'après avoir si bien dit de ma Méthode, ce Correspondant lui fait ensuite les imputations les plus graves; mais ces imputations étant évidemment mal fondées, ainsi que l'Auteur de l'Expérience suivante s'est donné la peine de le faire voir, les bons effets attribués à ma Méthode n'en ſont pas moins certains ; ou plutôt de-là même il s'enſuit qu'ils doivent le paroître encore davantage, puiſqu'ils ſont avoués par la perſonne qui, dans ſes vues, devoit moins les avouer. Qui ne ſe rend pas à un pareil témoignage, n'en doit croire aucun autre : c'eſt aſſurément le plus impartial & le moins ſuſpect que je puiſſe donner.

CINQUIEME EXPÉRIENCE.

La Lettre qui fait la matiere de cet article, a été adreſſée à M. l'Abbé *Roubaud*, Auteur de la *Gazette du Commerce*, & publiée telle que je vais la donner dans la Feuille du 3 Août dernier, n°. 62. Elle eſt de M. *Re-*

mond, Docteur en Médecine à Sémur en Auxois.

J'ai lu, Monsieur, dans une Lettre anonyme insérée dans votre Feuille du 20 Juin dernier, (c'est M. *Remond* qui parle) que la fermentation proposée par M. *Maupin* pour faire le vin, ne peut produire aucun bon effet, & qu'elle donne au vin un goût de cuit. On annonce, de plus, qu'un Bourgeois de Châalons-sur-Saône ayant suivi cette méthode, a eu le désagrément de voir son vin se gâter aux premieres chaleurs, au point qu'il n'a pu en faire ni vinaigre ni eau-de-vie. Il a été même, dit-on, obligé de mettre les futailles au rebut, à cause du mauvais goût qu'elles avoient contracté. S'il est vrai que ce vin ait été fait exactement selon la Méthode de M. *Maupin*, & qu'il se soit ainsi dépravé trois ou quatre mois après sans aucune cause étrangere, on peut dire seulement que cette Méthode ne convient pas pour les vins de Châalons, du moins dans certaines années (*g*). Mais on n'est pas en droit d'avancer qu'elle est toujours désavantageuse: en voici la preuve. Je l'ai mise en pratique en 1769, (année défavorable à la maturité de nos raisins,) » &

(*g*) Il est aisé de voir que ce n'est ici qu'une maniere de parler, & que l'Auteur de la Lettre ne s'est prêté à la supposition que pour éviter la discussion nécessaire pour la détruire.

» je puis dire avec vérité que les » Connoisseurs trouvent aujour- » d'hui mon vin délicat, spiri- » tueux & d'une couleur franche: » *J'ajoute qu'il ne graisse point, &* » *qu'il n'a pas un goût de cuit, &* » *que les futailles dans lesquelles* » *il a été pendant dix-huit mois,* » *n'ont aucune mauvaise odeur.* » J'ai employé le même procédé » l'année derniere qui, dans nos » cantons, a été encore plus con- » traire à la vigne que la précé- » dente, & jusqu'à présent mon » vin n'a pas eu le sort de celui » du Bourgeois de Châalons. Il » paroît même qu'il sera d'une » très-bonne qualité.

Un particulier de mon Pays, qui a aussi employé la méthode

de la fermentation en 1769 & 1770, en a éprouvé, comme moi, les bons effets. Quoique je ne connoisse point M. *Maupin*, & que je n'aye aucune relation avec lui (*h*), je crois devoir, Monsieur, vous faire part du succès que j'ai eu dans la pratique de sa Méthode. J'ai l'honneur d'être. *Signé*, REMOND, Doct. en Méd.

Cette Lettre ne laisse aucun doute, ni sur les avantages de ma méthode, ni sur la supposi-

(*h*) Ce n'est, en effet, que par cette Lettre que j'ai connu M. *Remond*; & la premiere que je lui ai écrite a été pour lui faire les remerciemens que je lui devois pour la sienne.

tion des prétendus inconvéniens qu'on lui impute. Elle est aussi négative de ceux-ci, qu'affirmative de ceux-là. Je crois cependant devoir ajoûter, sur ce qui regarde les inconvéniens, que si ma méthode avoit le moindre de ceux dont il a plu au Bourgeois de Châalons de la charger, bien certainement je ne la suivrois pas moi-même, comme je fais depuis dix ans. On peut sacrifier son bien au desir d'être utile au Public mais jamais dans le dessein de lui nuire, sur-tout lorsqu'il est aussi aisé de découvrir l'imposture; car assurément c'en seroit, de ma part, une bien grande & bien répréhensible, que de taire des défauts aussi préjudiciables à la ſociété. Je pourrois encore, contre une pareille imputation, citer en témoignage toutes les perſonnes qui ont exécuté mes procédés; mais cette imputation eſt ſi folle qu'elle ne mérite pas une plus longue réfutation.

A l'égard du prétendu goût de cuit, reproché à ma méthode, par l'Auteur de la Lettre anonyme, dont parle M. *Remond*, quand ce reproche feroit fondé, ce ne ſeroit pas encore une raiſon pour y avoir égard. 1°. Parce qu'ainſi qu'il eſt prouvé par la ſeconde Expérience, ce goût ne déplaît point au conſommateur. 2°. Parce qu'en le ſuppoſant indifférent, ou même un peu déſagréable, il peut ſervir à en couvrir d'autres qui le ſoient encore plus ; ce qui peut ſe rencontrer aſſez ſouvent, ſur-tout dans les vins communs. 3°. Parce que, s'il étoit vrai, comme ce me ſemble il y a lieu de le croire, que les vins bouillis, & parce qu'ils ont été ſur le feu, & parce qu'ils favoriſent la fermentation, contribuent beaucoup à diminuer la verdeur & la crudité des vins, à les rendre moins froids, & à leur donner enfin une meilleure qualité, parce que, dis-je, en ſuppoſant toutes ces choſes, il vaudroit mieux que les vins euſſent le goût de cuit que de ne point l'avoir & être mal ſains, il me paroît que la ſalubrité des vins doit être la premiere qualité à laquelle on doit s'attacher, principalement dans la fabrication des vins d'un usage habituel. Si j'ai tort, qu'on daigne me le prouver.

Mais il y a plus, c'est que, dans le fait, dès qu'ils sont remués sur le feu avec l'attention nécessaire & très-facile, pour les empêcher de s'attacher au fond du vaisseau, les raisins simplement bouillis, comme je le conseille, & non réduits, ne communiquent absolument au vin aucun goût de cuit. En 1767, j'ai mis environ un huitiéme de ma vendange en chaudronnées. En 1769, Jaunot, vigneron à Vernouillet, (*i*) en a

(*i*) Voyez la p. 114 de l'Art de faire le Vin.

mis à-peu-près autant, & cependant, ni son vin, ni le mien n'en ont pas contracté le moindre goût; à plus forte raison les vins où la dose des raisins chauds aura été moins forte, en ont-ils été exempts. On en peut dire autant du vin de la premiere Expérience, quoique réduit en partie.

Mais si tout ce que je viens de dire est vrai, les faits contraires sont faux, & alors dans quelle vue a-t-on pu les avancer? Il étoit d'autant moins naturel de le faire, & on est d'autant moins excusable de l'avoir fait, que, dans *l'Art de faire le Vin*, j'ai déclaré, de la maniere la plus positive, qu'il n'y avoit aucun mauvais retour à craindre de la pratique de ma méthode, & que les raisins bouillis particulierement ne donnoient aucun goût de cuit ou autre; j'ai fait plus, j'ai rapporté les plus fortes autorités pour le prouver. Comment donc, après de pareilles précautions, a-t-on pu s'y méprendre & soutenir le contraire? N'est-ce pas vouloir se charger à la fois de tous les torts? Mais en voilà assez sur cet objet, je vais passer aux Expériences de l'année 1771.

SIXIEME EXPÉRIENCE.

Les vendanges ayant été ouvertes, dans le vignoble où sont situées mes vignes, en même temps qu'à *Séve*, j'ai engagé *Jean*

Corroyer, Vigneron, le même dont il est parlé dans la premiere Partie de cet Ouvrage, *page* 99, à se charger de faire mon vin avec le sien ; ce qu'il a fait. Son vin, en sortant de la cuve, étoit déja potable, sans verdeur, & presqu'aussi agréable à boire que du vin vieux ; la couleur en est belle, de même que la qualité en est bonne : il auroit encore mieux valu s'il avoit été fait en tout point suivant ma méthode. Je ne m'arrêterai point plus long-temps sur cette Expérience, non plus que sur celles qui ont été faites dans le même lieu, par Messieurs *Delevemont* & *Thomassin* ; & à Vernouillet, par le nommé *Jaunot*, tous nommés dans l'Art de faire le Vin : l'Expérience que je me propose de faire connoître dans cet article, appartient à M. *Comynet*, Avocat à Avallon en Bourgogne : c'est lui-même qui en rendra compte dans la Lettre qui suit, & qu'il m'a écrite le 12 Novembre 1771 : je rapporterai de cette Lettre, ainsi que de celles que je donnerai ensuite, tout ce que je croirai propre à mettre parfaitement au fait des Expériences qu'elles contiennent, afin qu'on puisse plus facilement en apprécier le succès.

» Mes vignes, m'écrit M. *Comynet*, sont situées en trois territoires. Chacun est éloigné d'une lieue de notre Ville, & chacun a son jour différent pour la récolte, que l'on ne peut avancer, & qu'il seroit périlleux de reculer, pendant que tous les autres vendangent leurs vignes voisines des miennes.

Ma premiere récolte a été faite le 10 Octobre. Le triage a été fait au pied de la vigne, à mesure qu'on y a apporté les hotées de raisins. Ceux de mauvaise qualité ont été mis à part. La vendange a été voiturée à la Ville le même jour sur le soir.

Dans la matinée du 11, l'égrapage a été fait aux trois quarts pour les raisins de bonne qualité, & en totalité pour ceux de mauvaise qualité. On a foulé tout de suite ceux de bonne qualité, sous mon pressoir en fer, tel qu'on les fait à Lyon, par deux serres consécutives, pour comprendre, sous la seconde serre, ceux que la premiere avoit écartés. Sitôt le foulage achevé, le vin & le marc ont été replacés dans les mêmes muids pour fermenter; & pour accélérer & rendre plus forte cette fermentation, j'ai fait mettre une chaudronnée de raisins bouillans dans chaque muid, & chaque muid a été couvert d'un premier couvercle, portant sur la vendange, dont il suivoit les mouvemens, & d'un second couvercle au-dessus du muid, y ayant un espace vuide de huit ou dix pouces entre le premier & le second couvercles.

J'ai pressuré cette récolte & entonné le vin le 12 après-midi : « le vin s'est trouvé bien co-
» loré, n'avoit que très-peu de
» verd, & étoit meilleur que
» ceux de la même côte, pour
» lesquels on ne s'est point con-
» formé à votre maniere de faire
» le vin ».

Ma seconde récolte a été faite le 11 Octobre, & la troisiéme le 14 Octobre. Le vin de chacune a été façonné de même que celui de la premiere. Il n'a fallu qu'environ vingt-quatre heures de fermentation pour mettre chaque récolte en état d'être pressurée & le vin entonné. (*l*)

(*l*) Vû l'année, c'est sûrement trop peu de vingt-quatre heures de fermentation.

Dans ma Lettre du 5 Octobre, que l'Auteur de la Gazette d'Agriculture a eu la complaiſance d'inſérer dans ſa Feuille du 19 Octobre, page 670, j'ai expliqué les raiſons pour leſquelles je penſe que l'égrapage doit être fait avant le foulage. Si quelques autres annoncent un ſentiment contraire, fondé ſur de meilleures raiſons, je les adopterai volontiers ».

Pour répondre à cette queſtion, j'obſerverai que les raiſins ſe foulant & s'écraſant beaucoup mieux avec la rafle que lorſqu'ils en ſont ſéparés, toutes les fois qu'on a lieu de croire qu'ils ſeront difficiles à écraſer, comme quand ils ſont très-verds, il ſera très-avantageux de ne les égraper qu'après qu'ils auront été foulés. Hors ce cas, je crois qu'en général, on fera mieux de les égraper avant l'opération du foulage qu'après.

» Le foulage de chaque récolte, dit M. *Comynet*, n'a point été fait à mesure, mais tout à une fois sous le pressoir, & aussi-tôt que l'égrapage a été achevé. C'est sur la may du pressoir que j'ai fait faire l'égrapage dans des égrapoirs posés sur une cage qui est placée sur la may. Cette cage laisse couler le vin dans les rigoles du pressoir, d'où il tombe dans un cuveau. Elle ne retient sur la may que les grains de raisins qui sont foulés tous ensemble à une ſeule fois ſous le preſſoir. Cette maniere de fouler me paroît, comme vous l'avez obſervé dans votre Art de faire le Vin, la plus parfaite & la plus expéditive ».

Cette maniere de fouler a cependant ſes difficultés & même ſes inconvéniens. 1°. Parce qu'à beaucoup près, tous les propriétaires de vignes n'ont pas chez eux des preſſoirs, & des preſſoirs auſſi commodes que peut l'être celui de l'Auteur de la Lettre. 2°. Parce qu'à mon avis, cette maniére eſt plus coûteuſe. 3°. Parce que, dans les années de maturité, elle ne pourroit être d'uſage ſans beaucoup d'inconvéniens, à moins que la cuvée ne fût achevée en un jour : aussi ne l'ai-je conseillé qu'à défaut de tout autre moyen suffisant pour fouler les raisins excessivement verds, comme ils l'étoient en 1763, & encore mieux en 1740 : mais aussi, dans de pareilles années, cette maniere est préférable à toutes les autres, &, pour bien dire, la seule. Je vais plus loin, & je ne crains point de dire que, pour ces années, la santé & la conservation des Citoyens sont intéressées à ce qu'on fasse tout pour établir uniformément dans tous les vignobles, cette maniére de fouler, de même que l'usage des raisins bouillans par l'entonnoir, puisque, bien certainement, il n'y a que ces deux moyens pour améliorer & rendre potables les vins de raiſins auſſi verds que nous les ſuppoſons. Ces moyens, fuſſent-ils le ſeul fruit de mes recherches, & l'uſage s'en réduisît-il aux années les plus rares, mais auſſi les plus fâcheuſes, il n'en ſeroit pas moins vrai que mon travail ſeroit de la premiere utilité pour la ſociété, & mériteroit de ſa part la plus grande attention.

En effet, qu'on ſe repréſente les raiſins univerſellement gelés par-tout ſur les ceps; quel embarras & quelle déſolation dans tous les Vignobles! D'un côté, la dureté inſurmontable des raiſins s'oppoſe invinciblement à leur foulage, & tout à leur fermentation:

mentation : de l'autre, combien descendent dans la cuve, qui, du même pas, descendent dans le tombeau! Il n'y a peut-être pas un seul de tous les Vignobles où cette pratique a lieu, (de fouler dans la cuve,) qui en 1740 n'ait perdu un ou plusieurs hommes morts le sang glacé dans les veines. Combien plus encore sont péris par l'usage & l'acide meurtrier de la liqueur même? C'est un exemple effrayant dont on ne peut trop profiter.

» La vendange de la présente » année, continue M. *Comynet*, » étoit un peu plus mûre que cel- » le de l'année derniere. Les per- » sonnes qui ont goûté mes vins, » les ont trouvé bons, plus agréa-

» bles & plus promptement potables, & sensiblement moins verds & meilleurs que ceux des mêmes côteaux qui n'ont pas été façonnés de même (*m*).

SEPTIEME EXPÉRIENCE.

Cette Expérience est du même Auteur que la cinquiéme. Je vais la présenter telle qu'il a bien voulu me la donner dans la lettre du 14 Novembre dernier.

Comme (me marque M. *Remond*) les vermisseaux avoient presqu'entiérement dévasté mes vignes, cette année je n'ai recueil-

(*m*) En 1770 M. *Comynet* a eu, à peu près, le même succès, suivant qu'il me l'a marqué dans sa Lettre du 18 Juillet dernier.

li que deux bons poinçons de raisins, dont le tiers seulement étoit de bons grains, bien mûrs, le reste étant vuide, pourri ou desséché. Après avoir rejetté une partie des mauvais grains, j'ai fait fouler de mon mieux, & en détail, ma vendange*, à l'aide d'une pilette, & égraper à mesure, de maniere que j'estime qu'il n'est resté tout au plus que le quart des grapes. Ayant mis ensuite ma vendange dans un petit rondeau qui devoit me servir de cuve, je l'ai fait remuer & brasser pendant très-long-temps, & si bien, qu'il me parut que le mélange étoit suffisant. Toutes ces opérations furent achevées dans l'espace de six heures. Comme mes raisins étoient fort mûrs, qu'ils n'avoient point été gelés à la perche, & qu'ils avoient été coupés par un temps assez chaud, je pensai que la fermentation se feroit aisément & suffisamment d'elle-même, & sans des secours étrangers : en conséquence je me décidai à ne point employer le vin bouillant : (la suite fera voir que c'étoit pourtant le cas.) Je ne me servis pas non plus du fond de bois, (il auroit pourtant mieux fait,) & je me contentai de couvrir exactement avec deux couvertures de laine & un couvercle de lessive, mon rondeau, lequel étoit plein à dix douces près. Ma petite cuvée ne commença à fermenter sensiblement qu'au bout de 24 heures : la fermentation s'augmenta peu à peu, fit élever le marc de cinq à six pouces, & ne cessa qu'après sept jours & demi, à compter du moment où j'avois laissé le moût en repos. (Tout cela est bien étonnant.) Mon vin se trouva pour-lors un peu refroidi, sans être clair. (Ce refroidissement prouve qu'il y avoit déja long-temps que la fermentation sensible étoit cessée.)

» Cependant je le tirai, & des » gens qui avoient été à portée de » voir plusieurs petites cuvées » faites à la maniere ordinaire, » prétendirent qu'ils n'avoient » point vû de meilleur vin ni de » plus coloré que le mien... Mon » vin ayant été comparé à d'au-

» tres vins du même climat faits
» suivant la méthode commune,
» il s'est trouvé moins dur, plus
» coloré, & ayant de plus que les
» autres une certaine saveur amè-
» re qui le rend plus chaud, plus
» stomachique..... Mon vin de
» 1770 est plus moëleux, plus
» chaud, & d'une couleur plus
» franche que ceux de la même
» année. Celui de 1769 comparé
» avec ses contemporains est plus
» délicat & plus agréable. »

Huitième Expérience.

L'Expérience qui suit a été faite à Ris en Auvergne, par M. l'Abbé *Lafont*, Prieur Commendataire & Seigneur dudit lieu de Ris. Cette Expérience ayant été dirigée sur les mêmes principes que les deux précédentes, il n'est guères possible qu'elle n'ait avec elles quelques traits de ressemblance. Cependant elle offre aussi ses différences. Ce sont les mêmes principes, mais dont l'application est variée suivant les différentes vues, les différentes circonstances & la différente manière de voir & de juger de ceux qui en font usage. Je suis bien éloigné de m'en plaindre : en pareil cas il doit être libre à chacun d'agir suivant son opinion ; mais il en résulte qu'aucun ne suivant exactement le plan que j'ai tracé & qui m'a si bien réussi, aucun aussi ne peut avoir le même succès, & c'est un inconvénient.

Cependant il faut avouer que ces variétés peuvent avoir leur utilité, comme dans l'Expérience présente, & sont très-propres en général à étendre les progrès de l'Art, & à en épurer les principes.

Quoi qu'il en soit, M. l'Abbé *Lafont*, après m'avoir marqué dans sa Lettre du 16 Novembre dernier que l'expérience dont il va me donner le détail lui a très-bien réussi, continue en ces termes.

» Le 17 Octobre dernier, jour de nos ouvertes, je fis mettre dans une petite cuve d'environ sept muids de Paris, le restant de ma bonne vendange, sans être aucunement égrapée : le lendemain on y mit encore quelque peu de vendange de la même qualité que celle qu'on n'avoit point finie la veille. Le tout ne pouvoit faire tout au plus qu'environ trois muids de vin. Je fis fouler le ſoir même ma cuve par un homme qui entra dedans : je fis enſuite preſſer au pied ſeulement ſur mon preſſoir par pluſieurs hommes qui monterent deſſus tout mon raiſin blanc que j'y avois ramaſſé, & qui toujours eſt très-verd dans ce Pays-ci ; c'eſt pour cela qu'on le ſépare.

Je fis entonner le vin qui en ſortit dans des tonneaux, & fis jetter toute la grape dans la petite cuve ci-deſſus qui ſe trouva preſque pleine par ce moyen-là ;

(voilà bien de la grape :) de façon qu'en total cette petite cuvée étoit ce que j'avois de plus mauvais, & je ne devois m'attendre par la voie ordinaire qu'à un vin médiocre, & très-peu chargé en couleur. Vous obſerverez, Monſieur, que je fis ce mêlange exprès pour connoître le degré de bonté de mon Expérience. (C'étoit effectivement le moyen de s'en aſſurer.)

Je fis couvrir ma cuve tout de ſuite avec de la paille à gluys ſeulement, (& pourquoi pas avec le faux-fond de bois?) y ayant fait mettre un lit de cette paille d'environ trois doigts d'épaiſſeur. Tout ceci ſe fit dans la même ſoirée du vendredi 18 Octobre.

Je résolus ensuite d'attendre, pour faire mon opération, que la Nature eût commencé à travailler.

Le lendemain samedi 19 Octobre, sur les dix heures, je m'apperçus que la fermentation commençoit à s'établir : alors, sans perdre de temps, je fis dresser devant mon cuvage cinq grandes chaudieres que je fis remplir, à deux ou trois pouces près, du moût de mon raisin blanc, qui étoit sur mon pressoir, & que j'avois conservé à cet effet. Pendant que les chaudieres étoient sur le feu, je fis faire un trou au milieu de ma cuve (à cause apparemment de la grande quantité des rafles) avec une grosse barre : j'y fis placer un entonnoir de fer-blanc que j'ai fait faire ſelon vos dimenſions, & qui alloit toucher le fond de la cuve, à trois ou quatre pouces près.

Quand le moût fut bien bouillant, je le fis verſer dans l'entonnoir, & de cette maniére, en moins d'une heure, on y entonna onze pots de moût, qui pouvoient faire la dixiéme partie (c'étoit aſſez) de ſix muids & demi de vin, que j'en ai tiré, meſure de Paris. A moitié beſogne faite, je faiſois boucher le trou de l'entonnoir à chaque bacholée qu'on y verſoit, parce qu'il en ſortoit une fumée prodigieuſe. Tout étant fini, je fis rapprocher la vendange pour fermer le trou, & je fis tout de ſuite couvrir

ma

ma cuve ainſi qu'auparavant.

Quatre heures après, je fus voir ma cuve ; la fermentation étoit extraordinaire, le fumet violent. Elle s'eſt ſoutenue ainſi pendant deux fois vingt-quatre heures, & le Lundi au ſoir elle commença à ſe rallentir. Je l'ai laiſſée le Mardi pour fairer aſſeoir mon vin & le faire clarifier. » Je » l'ai tiré le Mercredi matin ; il » s'eſt trouvé clair, d'une très- » belle couleur, beaucoup plus » de feu ſur la langue que mes » autres vins, plus prêt à boire, » plus agréable & ſans aucune » verdeur, quoique mon vin » blanc ſoit très-verd. Tous mes » Vignerons en ſont ſurpris, parce » qu'ils comptoient que j'allois

BIBLIOTHEQUE NATIONALE R.F.

» gâter ma cuvée ; & quoiqu'on » le trouve le meilleur de mon » vin à le goûter, ils préferent » cependant ma grande cuvée, » qui m'a donné toute ſeule près » de ſoixante muids de Paris, & » diſent que l'autre ne ſe ſoutien- » dra pas comme celui-là. (Et pourquoi ? Je les défie, & tout autre de pouvoir en donner une bonne raiſon, & j'en ai cent à oppoſer à leur opinion.) » Pour » moi, je penſe que le mêlange » des principes du vin s'étant » mieux fait dans ma petite » cuvée, par la fermentation » qui a été plus prompte, » plus violente & plus com- » plette, (voilà parler raiſon,) » le vin s'eſt mieux fait, &

» doit mieux se conserver ». J'en ferai l'épreuve. (Je me rends garant du succès. Les Vignerons ont tort dans tous les points. Le vin de l'Expérience se soutiendra, & comparaison faite à Paris des deux vins, par plusieurs personnes non prévenues, celui de l'Expérience a été unanimement trouvé supérieur à celui de la grande cuvée, malgré les avantages inappréciables qu'a ce dernier, du côté de la qualité des raisins & de leur quantité).

» D'après tout ceci, je conclus, » Monsieur, que votre ouvrage » & vos recherches ne peuvent » être que très-utiles au Public, » & je vous proteste que l'année » prochaine je ferai l'expérience

» en grand ſur mon plus mauvais » vin. Je la ferai encore ſur ma » meilleure vendange égrapée ; » mais ſeulement ſur une partie, » car je n'oſerois encore la faire » ſur le tout, attendu que nos » vins, dans de bonnes années, » ne ſont que trop violens ».

De ce que les vins ſont trop violens, c'eſt une raiſon, ſans doute, pour ne pas échauffer la cuve & pour ne la pas couvrir ; mais ce n'en eſt point une pour ne pas égraper en partie la vendange, pour ne pas la fouler parfaitement, pour ne pas donner de couleur au vin, pour ne pas le laiſſer cuver plus long-temps qu'on ne fait dans les années dont il s'agit, pour ne pas attendre à le tirer que la fermentation ſoit entierement ceſſée, pour ne pas profiter enfin de toutes les vues que j'ai indiquées pour rendre la liqueur plus ſubſtantieuſe, plus colorée & plus propre par-là à envelopper & à retenir les eſprits du vin. Qui pourroit donc empêcher de ſoumettre à l'Expérience les vins dont il s'agit? Il eſt certain, au moins, que ce ne feroit pas le défaut de moyens pour y réuſſir?

Qu'on ſe donne la peine d'étudier l'*Art de faire le Vin*, & on y trouvera, pour l'eſpéce de vin dont il s'agit & beaucoup d'autres, des régles ſûres, & telles qu'on n'en pourroit trouver d'auſſi parfaites dans aucune Pratique connue. Je sçais à-peu-près les meilleures, & j'ose répondre qu'il n'y en a point qui ne soit défectueuse & contraire, au moins, en quelques points, aux vrais principes.

NEUVIEME EXPÉRIENCE.

De toutes les maniéres de persuader & d'établir les vérités économiques, la meilleure & la plus sûre est de parler aux yeux; on en verra la preuve dans l'Expérience qui suit, & qui est de M. *Mahieu*, Prieur & Curé de Dammartin, dans sa Lettre du 13 Décembre dernier.

Après m'avoir marqué que mon Ouvrage lui étoit parvenu à Mantes, où il étoit alors Chanoine, il s'exprime ainsi : « Arrivé dans ma Cure, je parlai de votre Méthode, dont personne ne voulut faire usage, craignant, disoit-on, que les chaudronnées bouillantes ne fissent aigrir le vin. (Cette crainte, après toutes les preuves que j'ai rapportées pour la dissiper, n'étoit pas recevable ; mais c'étoit un subterfuge du préjugé, qui trouve tout bon pour tromper ceux qui s'y livrent.) J'en essayai sur environ deux muids de vin, dont la vendange, faite le 27 Octobre, n'étoit, au plus, qu'à moitié mûre ; ce pays étant, à cause de son sol marneux, fort tardif, j'ai employé, en chaudronnées, environ quatre séaux de vin, & cela le lendemain de la vendange. (Quatre ſeaux, c'eſt trop peu ; il en auroit fallu à-peu-près le double.) Je ne me ſuis point ſervi d'entonnoir, n'en ayant point ; j'ai fait une grande ouverture dans le marc après le foulage, & y ai fait jetter mes deux chaudronnées, & auſſi-tôt j'ai fait remplir cette ouverture & couvrir le tout autant bien que j'ai pu, malgré les Vignerons, qui prétendent que le défaut d'air fait moiſir le deſſus de la cuve, & que, d'ailleurs, cela peut échauffer l'aine & faire aigrir le vin ; j'ai vu le contraire : (c'eſt la meilleure réfutation.) Le ſeptiéme jour j'ai tiré mon vin. Celui qui a été fait dans le pays ſans cette méthode a commencé à bouillir beaucoup plus tard, & avoit fait son effet plutôt que le mien, sans avoir, à beaucoup près, la même qualité. » Les » autres vins sont fort verds, & » le mien, pour l'année, peut » être réputé mûr, en comparai- « son, & l'emporte de beaucoup » sur les autres. J'oubliois de » vous marquer que j'en avois » fait égrainer une partie; c'est » ce qui le rend moins dur. Voilà » pour ce qui regarde l'année » 1770.

» Quant à celle-ci, plusieurs » personnes de ma Paroisse sont » venues goûter mon vin de 1770, » l'ont trouvé très-bon pour l'an- » née, & le meilleur du pays. Re-

» venues de leur préjugé, elles » ont pris la résolution de pré-» parer leur vin comme j'avois » fait, parce que cette année a » encore été fort tardive, & que » nous n'avons fait nos vendan-» ges qu'au 21 & 22 Octobre. » Ces personnes sont au nombre de trois; savoir, M. *Barré*, Procureur Fiscal; M. de *Blambisson*, Gentilhomme de ma Paroisse; & M. *Mahieu*, ancien Officier pensionnaire du Roi. Ils ont suivi exactement la route que je leur ai tracée » & s'en trouvent très-bien. » Mon vin que j'ai goûté hier, & » que j'ai confronté avec d'autres » qui n'ont pas eu la même fa-» çon, l'emporte encore cette » année de beaucoup ». A l'égard des Vignerons, il eſt fort difficile de faire revenir ces ſortes de gens de leurs préjugés. (Et plût à Dieu qu'il n'y eût qu'eux!) Je me félicite, Monſieur, des découvertes que vous avez faites pour perfectionner la fabrication des vins; je vous en remercie dans mon particulier; c'eſt un ſervice important rendu à la Société».

Ce qu'il y a de certain, c'eſt que de toutes les perſonnes qui, à ma connoiſſance, ſe ſont ſervi de mes procédés, il n'y en a aucune qui ne s'en loue. M. le Marquis de Lhôpital, qui les a fait exécuter en partie l'année derniere dans ſon Comté de Châteauneuf en Berry, en eſt très-content, & se propose bien de les faire suivre, avec encore plus d'exactitude, cette année.

De toutes les Expériences que je viens de rapporter, il résulte que les vins façonnés dans mes principes, & sur-tout ceux qui le seroient en tout point, sont bien moins verds & plus promptement potables; c'est-à-dire que l'usage en a beaucoup moins d'inconvéniens, & en est bien plus salubre que des vins faits suivant la méthode ordinaire. Je ne sais si cet avantage de mes procédés est le plus touchant pour tout le monde; mais sûrement, aux yeux de l'humanité, ce sera toujours le plus précieux. Cependant, comme je me suis déja attaché à en faire voir la réalité & l'importance dans le quatriéme Chapitre de la premiere Partie, je n'y insisterai point ici, & je vais considérer les effets de l'amélioration des vins, par rapport aux vignobles & à l'accroissement des revenus du Roi.

En effet, il est constant, pour ne pas sortir de la thèse des vins verds, que plus les vins sont acides, âpres, revêches & d'un mauvais goût, & moins on est porté à en boire, & moins en général on en boit. J'en pourrois donner beaucoup d'exemples; mais je renvoie chacun à son propre témoignage. Moins il se boit de vin, & sûrement moins il s'en consomme au-dedans &

hors du Royaume; moins il s'en consomme; & moins bien certainement il s'en vend, & moins il se vend; il est impossible que cela soit autrement: moins il se vend de vin & moins il se vend; & plus les vignobles sont malaisés, moins ils sont en état de supporter & de payer les charges publiques, moins la Ferme a à perçevoir, soit sur la quantité, soit sur la quotité des droits. Les vignobles ont donc un très-grand intérêt à l'amélioration des vins verds, des mauvais vins.

Pour mettre cette vérité dans tout son jour, supposons, ce qui peut arriver, que l'année prochaine soit abondante en vins: si çes vins sont bons, entrans, agréables, & de bonne qualité, on en boira beaucoup ; & après cinq mauvaises années consécutives, il n'y a personne qui ne s'empressera à en garnir ses caves. Ainsi, profit & très grand profit pour le Roi & pour les Vignobles, & encore pour beaucoup d'autres. Si, au contraire, les vins sont verds, désagréables, & de mauvaise qualité, on en boira beaucoup moins, & on se donnera bien de garde de s'en charger. Ainsi, perte & très-grande perte pour le Roi & pour les Vignobles qui, accablés sous le faix de leur copieuse récolte, présenteront, au milieu de l'abondance, l'affreux spectacle de la misere & de tous les maux qui l'accompagnent. A la suite de plusieurs années de disette de vin, on a vu, dans une année abondante en mauvais vins, des Vignerons être obligés de donner le leur pour ainsi dire pour rien, & en répandre des larmes.

Voilà ce que fait le défaut de qualité : donnons-la, & à la place de l'abattement & de la misere, nous verrons la joie & les richesses ; nous verrons la consommation & le commerce s'animer, & les vins passer des celliers du Fabricateur dans les caves du Consommateur. Nous verrons une année qui auroit fait la ruine des Vignobles, devenir la source de leur aisance & de leur prospérité, & cela par la seule introduction de mes procédés.

De tout ce que je viens d'observer il suit, ce qui n'auroit pas dû avoir besoin d'être prouvé, que les Vignobles ont le plus grand intérêt, un intérêt certain & bien démontré à avoir de bon vin au lieu de mauvais, & par conséquent à adopter les procédés que je propose pour y parvenir. Mais ce n'est point assez que ces procédés soient avantageux aux Vignobles pour déterminer ceux-ci à les prendre. Il faut, pour les faire recevoir de tous, pour en donner le goût à tous, pour en faciliter la pratique à tous, les placer sous les yeux de tous, les exécuter & en mettre les avantages sous les yeux de tous ; & on le peut, en annonçant mes découvertes dans toutes les Paroiſſes & dans tous les lieux de Vignobles, en leur en recommandant l'uſage, en les excitant tous à faire dès cette année, ſuivant mes principes, tout au moins une cuvée de vin de trois muids, & plus, laquelle cuvée ſera faite & les procédés exécutés en préſence des habitans de chaque lieu. Tel n'en croit pas les rapports les plus fidéles & les plus déſintéreſſés, qui ſera forcé de céder au témoignage de ſes yeux. Rien de plus propre à gagner les hommes que l'exemple, & même rien de plus néceſſaire. J'ai donc lieu de croire qu'on ne négligera pas le moyen ſûr & trèspraticable que je donne pour y parvenir, & pour procurer par-là à toute la Société les avantages que je me ſuis propoſés dans cet Ouvrage.

RAPPORT fait à la Faculté de Médecine, par MM. Macquer, Roux & d'Arcet.

MESSIEURS,

VOUS nous avez fait l'honneur, à M. *Roux*, à M. d'*Arcet* & à moi, de nous charger de vous rendre compte de nouveaux Mémoires que vous a présentés M. *Maupin*, sur les moyens de perfectionner le vin, & de remédier à ses défauts, & particuliérement à sa verdeur, lorsque les raisins n'ont pû acquérir une maturité suffisante. Ce Mémoire est accompagné de la Lettre d'un Ministre aussi rempli de lumiéres que de zéle pour le bien public, adressée à M. le Doyen, & par laquelle il demande le sentiment de la Faculté, sur les procédés de M. *Maupin*; enfin ce Ministre a mis aussi sous les yeux de la Faculté deux Procès-verbaux, l'un du Lundi 7 Octobre de l'année derniere, contenant les détails d'une Expérience authentique faite à Séve par M. *Maupin*, sur la vendange de M. *Parent*, Conseiller en la Cour des Monnoies, Député au Conseil Royal du Commerce pour la Province de Picardie, en sa présence & signé de lui. L'autre du 19 Décembre aussi de l'année derniere, fait par Messieurs les Grands-Gardes & Gardes en Charge du Corps des

Marchands de Vin de Paris, en conséquence des ordres à eux adressés par Monsieur le Lieutenant-Général de Police, & sur la réquisition de M. *Parent*, pour la dégustation de son vin, fait par M. *Maupin*, & la comparaison de ce vin avec ceux de la même année & du même territoire faits suivant la méthode ordinaire.

Après la lecture la plus attentive de toutes les piéces dont nous venons de parler, nous croyons devoir vous exposer, Messieurs, que non-seulement nous persistons dans le rapport que nous avons déja eu l'honneur de vous faire sur les procédés employés par M. *Maupin*, pour l'amélioration du vin, procédés que ce Citoyen zélé & sage avoit soumis ci-devant à votre jugement, mais que nous demeurons de plus en plus convaincus de leur utilité & de leurs avantages très-marqués. Il seroit trop long, Messieurs, de vous en faire ici le détail, & d'autant plus superflu, qu'on les trouve clairement exposés dans les Ouvrages que M. *Maupin* publie successivement sur cette matiere : nous nous contenterons donc de vous rappeller sommairement que ces procédés, dont plusieurs étoient déja connus, mais trop peu pratiqués, & dont quelques autres sont le fruit des observations & des recherches de M. *Maupin*, consistent principalement à égraper la vendange en tout ou en partie, à la fouler promptement, très-exactement & même à se servir pour cela du pressoir, lorsque les raisins, à cause de leur verdeur, sont trop durs pour pouvoir être écrasés par les méthodes usitées; enfin à accélérer & augmenter le mouvement fermentatif par tous les moyens possibles, & sur-tout en introduisant au fond de la cuve, par le moyen d'un entonnoir à long tuyau, un plus ou moins grand nombre de chaudronnées du moût bouillant, & plus ou moins réduit par cette espèce de coction suivant les circonstances; à couvrir la cuve dans les tems convenables pour retenir à propos, le plus qu'il se peut, de l'esprit.

Nous

Nous parlons devant une Assemblée trop éclairée pour qu'il soit besoin aussi que nous fassions sentir les rapports de ces pratiques avantageuses avec la théorie, & leur dépendance de la doctrine de la fermentation, établie par les plus grands Maîtres.

Mais nous devons vous exposer que les faits qui prouvent l'utilité de la méthode de M. *Maupin*, pour l'amélioration des vins, nous paroissent constatés de la maniére la plus authentique, par les Expériences auxquelles l'amour du bien public a engagé M. *Parent* à se prêter, & par le procès-verbal de dégustation dont nous avons parlé au commencement du Rapport que nous avons l'honneur de vous faire : Qu'il en résulte que les vins faits suivant ces principes ont moins de verdeur, & sont, à cet égard, plus salubres que ceux pour lesquels on ne suit que la routine ordinaire, sur-tout dans les années où les raisins péchent par le défaut d'une entiere maturité. Nous croyons, en conséquence, que la méthode de M. *Maupin* mérite de nouveau l'approbation & les éloges de la Faculté qui ne cesse dans toutes les occasions de témoigner son zele pour tout ce qui peut intéresser le bien de l'Etat, & particuliérement la santé des Citoyens, & qu'il est important que les Expériences & procédés de M. *Maupin* soient connus du Public & des Vignerons le plus qu'il ſera poſſible.

Fait à Paris, aux Ecoles de Médecine, ce Lundi 3 Février 1772. *Signé*, MACQUER, ROUX & D'ARCET.

Décret de la Faculté de Médecine.

Le Lundi 3 Février 1772, la Faculté de Médecine a entendu le Rapport de MM. *Macquer*, *Roux* & *d'Arcet* qu'elle avoit chargés de lui rendre compte des Mémoires qui lui avoient été préſentés par M. *Maupin* ſur les moyens de perfectionner le vin & de remédier particuliérement à ſa verdeur dans les années où les raiſins n'ont pû acquérir une maturité ſuffiſante. Le détail fait par MM. les Commiſſaires, prouve inconteſtablement l'efficacité de la méthode propoſée pour corriger en partie, & ſouvent même entiérement, la verdeur des vins, & pour les rendre moins mordans & plus parfaits à tous égards. Une boiſſon auſſi générale, privée de ſon défaut le plus commun & augmentée de qualité, devient un objet également précieux pour la ſanté, que pour le commerce. Les vins bien préparés & de bonne eſpèce ſeront toujours conſeillés préférablement à tous autres par les Médecins, qui ne s'occupent pas moins à prévenir les maladies qu'à les combattre, & le commerce, tant intérieur qu'extérieur des vins de France, sera d'autant plus en faveur qu'ils deviendront supérieurs en qualité.

Il n'est pas douteux que les Vignobles doivent se porter à jouir de ces avantages, & à les répandre dans la société, puisqu'il ne tient absolument qu'à eux d'en profiter dès cette année, & ce qui est une considération très-essentielle, que les procédés de M. *Maupin* n'exigent, pour ainsi dire, aucuns frais extraordinaires. On ne peut donc qu'exhorter les Vignobles à y prendre confiance & à s'y conformer exactement, & notamment à observer le parfait foulage, & à faire subir la plus grande fermentation aux raisins lorſqu'ils ſont trop durs & trop froids pour être écraſés autrement que par le preſſoir. En pratiquant ces moyens & toutes les opérations qui y ſont relatives, non-ſeulement les vins provenans de cette eſpèce de raiſins, ſeront beaucoup meilleurs, mais encore dans les pays où l'uſage eſt de fouler dans la cuve, on ſauvera la vie à nombre de perſonnes qui y périſſent ſouvent, comme on en a vu pluſieurs exemples, ſur-tout en 1740.

Ces motifs ont engagé la Faculté à approuver unanimement les découvertes de M. *Maupin*, comme capables de prévenir les maux réels & fréquens occaſionnés par les vins d'une mauvaise qualité, & de procurer un bien continuel à l'Etat & au Public. Elle a donc cru devoir donner le témoignage le plus avantageux des lumieres & des travaux de l'Auteur, au Ministre que son zele & sa sagesse ont engagé à demander sur cet objet important le sentiment de la Faculté. *Signé* L. P. F. R. LE THIEULLIER, Doyen.

BIBLIOTHÈQUE NATIONALE R.F. IMPRIMÉS

FIN.

APPROBATION.

J'AI lu, par ordre de Monſeigneur le Chancelier, un manuſcrit intitulé : *Expériences publique & particulieres pour ſervir de ſuite & de preuve à l'Art de faire le Vin, &c. par M. Maupin.* Je penſe non-ſeulement que cet Ouvrage mérite d'être imprimé, mais encore qu'il eſt à deſirer qu'il ſe répande beaucoup dans le Public, à cauſe des faits importans qu'il renferme, & qui ſont très-propres à faire connoître & adopter librement des pratiques que l'expérience prouve de plus en plus être capables de diminuer la verdeur des Vins & de les améliorer à pluſieurs autres égards. A Paris, ce 8 Janvier 1772.

MACQUER.

PRIVILEGE DU ROI.

LOUIS, PAR LA GRACE DE DIEU, ROI DE FRANCE ET DE NAVARRE, à nos amés & féaux Conseillers, les Gens tenans nos Cours de Parlement, Maîtres des Requêtes ordinaires de notre Hôtel, Grand-Conseil, Prevôt de Paris, Baillifs, Sénéchaux, leurs Lieutenans-Civils & autres, nos Justiciers qu'il appartiendra; SALUT. Notre amé le Sieur MAUPIN Nous a fait exposer qu'il désireroit faire imprimer & donner au Public *des Expériences publique & particulieres pour servir de suite & de preuves à l'Art de faire le Vin*: S'il Nous plaisoit lui accorder nos Lettres de Permission pour ce nécessaires. A CES CAUSES, voulant favorablement traiter l'Exposant, Nous lui avons permis & permettons par ces Présentes, de faire imprimer ledit Ouvrage autant de fois que bon lui semblera, & de le faire vendre & débiter par tout notre Royaume, pendant le tems de trois années consécutives, à compter du jour de la date des Présentes. FAISONS défenses à tous Imprimeurs, Libraires, & autres personnes, de quelque qualité & condition qu'elles soient, d'en introduire d'impression étrangere dans aucun lieu de notre obéissance. A LA CHARGE que ces Présentes seront enregistrées tout au long sur les Registres de la Communauté des Imprimeurs & Libraires de Paris, dans trois mois de la ſtate d'icelles ; que l'impreſſion dudit Ouvrage ſera faite dans notre Royaume, & non ailleurs, en bon papier & beaux caracteres ; que l'Impétrant ſe conformera en tout aux Réglemens de la Librairie, & notamment à celui du dix Avril 1725, à peine de déchéance de la préſente Permiſſion. Qu'avant de l'expoſer en vente, le Manuſcrit qui aura ſervi de copie à l'impreſſion dudit Ouvrage ſera remis dans le même état où l'Approbation y aura été donnée, ès mains de notre très-cher & féal Chevalier, Chancelier Garde des Sceaux de France, le Sieur DE MAUPEOU, qu'il en ſera enſuite remis deux Exemplaires dans notre Bibliothéque publique, un dans celle de notre Château du Louvre, & un dans celle dudit Sieur DE MAUPEOU ; le tout à peine de nullité des Préſentes. *DU CONTENU* deſquelles vous *MANDONS* & enjoignons de faire jouir ledit Expoſant & ſes ayans-cauſes, pleinement & paiſiblement, ſans ſouffrir qu'il leur ſoit fait aucun trouble ou empêchement. *VOULONS* qu'à la copie des Préſentes, qui ſera imprimée tout au long au commencement ou à la fin dudit Ouvrage, foi ſoit ajoutée comme à l'original. *COMMANDONS* au premier notre Huiſſier ou Sergent ſur ce requis, de faire pour l'exécution d'icelles, tous actes requis & néceſſaires, ſans demander autre permiſſion, & nonobſtant Clameur de Haro, Charte Normande & Lettres à ce contraires : car tel eſt notre plaiſir. *DONNÉ* à Paris, le vingt-ſixième jour du mois de Février, l'an de grace mil ſept cent ſoixante-douze, & de notre Regne le cinquante-ſeptieme. Par le Roi en ſon Conſeil.

Signé, LEBEGUE.

Regiſtré ſur le Regiſtre XVIII. de la Chambre Royale & Syndicale des Libraires & Imprimeurs de Paris, N°. 1899. conformément au Réglement de 1723, qui fait défenſes, art. 4. à toutes perſonnes, de quelque qualité & condition qu'elles ſoient, autres que les Libraires & Imprimeurs, de vendre, débiter, faire afficher aucuns Livres pour les vendre en leurs noms, ſoit qu'ils s'en diſent les Auteurs ou autrement, & à la charge de fournir à la ſuſdite Chambre huit Exemplaires preſcrits par l'Article 108. du même Réglement. A Paris, ce 28 Février 1772.

J. HERISSANT, Syndic.

AVIS DE L'AUTEUR;

CONTENANT quelques instructions qui lui ont été demandées depuis la publication de son ouvrage, sur les moyens de faciliter par-tout l'exécution de sa Méthode & de l'adapter aux divers usages des Vignobles du Royaume.

DEs personnes persuadées en même tems & des grands avantages de mes procédés pour la façon du vin, & de la difficulté de les faire prévaloir généralement sur les pratiques reçues, m'ont engagé à les modérer, pour ainsi dire, & à les concilier, autant qu'il est possible, avec les principaux usages qui se suivent dans les différentes Provinces de Vignobles: c'est, comme il sera aisé de ſe reconnoître, l'objet du Plan que je vais tracer dans cet Avis.

1°. Quelles que ſoient les années, chaque Vignoble foulera à ſa maniere, ſoit que l'uſage ſoit de fouler la vendange à meſure qu'elle arrive de la vigne, ce qui eſt la meilleure façon, lorſque les raiſins ont beaucoup de verdeur, ſoit qu'on ne la foule que dans la cuve, ce qui en général eſt préferable dans les années régulieres, & à plus forte raiſon quand il y a pleine maturité; en obſervant toutefois, ce qui ne ſe fait nulle part, de fouler la vendange *auſſi-tôt qu'elle eſt toute raſſemblée dans la cuve & qu'on ceſſe d'y en mettre.* La fermentation en eſt beaucoup plus forte, plus ſimultanée & plus complette : il y a beaucoup moins d'évaporation, & il ſe perd infiniment moins d'eſprits qu'en s'y prenant plus tard. Je blâme ſur-tout l'uſage où ſont quelques Vignobles de tirer leur vin tout chaud pour fouler plus parfaitement leur vendange. Ce que leurs vins gagnent en corps & en couleur, qu'ils peuvent donner autrement, ils le perdent en esprits. On peut consulter à cet égard le quatorziéme Principe.

Quant à l'égrapage, on peut voir ce que j'en ai dit en differens endroits de mon ouvrage, & singulierement au huitiéme Principe. Au surplus il paroît par la huitiéme Expérience rapportée dans la seconde Partie, que si cette façon est utile, comme dans bien des cas on n'en peut pas douter, au moins elle n'est pas indispensable, en faisant le reste comme il convient. D'après cela, chacun peut suivre sa pratique ou son opinion.

2°. Si, lorsqu'il s'agit de fouler la cuve, elle étoit trop froide pour y entrer, on y versera quelques chaudronnées de raisins bouillans, par l'entonnoir; ce qui apparemment est très-facile.

3°. Soit que la vendange ait été foulée à mesure, soit qu'elle ne l'ait été que dans la cuve, *aussi-tôt* que le marc sera monté à la superficie, & qu'il couvrira le moût, on se mettra en nombre suffiſant autour de la cuve pour remanier la vendange & la preſſer dans les mains : cette opération, qui n'eſt ni longue, ni coûteuſe, ni même embarraſſante, a bien moins pour objet d'écraſer les raiſins qui, par leur verdeur & leur dureté, auroient échappé au foulage, que d'extraire la couleur de la pellicule des grains déja ouverts, & ſur-tout d'en détacher les fibres & la partie de la pulpe qui y adhere. Le vin, je parle ici d'après des Expériences répétées, en a plus de couleur, plus de corps, en eſt plus moëlleux & en a plus d'eſprits. A l'exception des années de pleine & de bonne maturité où on peut ſe diſpenſer de cette façon, elle eſt abſolument néceſſaire pour donner au vin toute la qualité qu'il peut avoir, & même ſouvent pour en donner. Toutes les fois, ſur-tout, que les années ont été pluvieuſes & qu'il y a ſurabondance d'eau dans les raiſins, elle eſt d'une telle conſéquence, que quand elle a été manquée, rien n'y peut ſuppléer ; cependant ſi, faute de pouvoir atteindre au marc, ou pour toute autre cause, on ne pouvoit la donner, en ce cas on remueroit & on agiteroit fortement la vendange dans la cuve avec les instrumens propres à cet usage; mais toujours *aussi-tôt* après le foulage, & une seule fois, pour les raisons expliquées au quatorziéme Principe.

4°. Toutes les fois que les raisins seront verds, ou que le tems sera froid de maniere à faire craindre que la cuve ne s'échauffe point ou ne s'échauffe que très-difficilement, & imparfaitement, dans tous ces cas on versera plusieurs chaudronnées de raisins bouillans par l'entonnoir aussi-tôt que les opérations ci-dessus auront été achevées. On en pourra mettre d'autant moins qu'il y aura plus de grapes. (*Voyez le huitiéme Principe.*) Dans les années les plus défavorables, souvent un seau ou un seau & demi par muid sera suffisant. Une pareille condition pour avoir de bon vin ne doit surement pas paroître onéreuse.

5°. Au cas qu'on ait laissé la totalité ou la plus grande partie de la grape, on fera bien, après toutes les opérations ci-dessus, de recouvrir le marc, d'environ un pouce de raisins parfaitement égrapés ; à moins qu'on aime mieux s'assujettir à arroser au besoin la superficie ; ce qu'il ne faut faire, lorsqu'il le faut, que très-légerement ; mais je préfererois les raisins égrapés que je viens de conseiller, principalement si le marc n'étoit point couvert ou ne l'étoit point aussi parfaitement que je l'indique dans mon ouvrage.

Pour le surplus on se conformera exactement à ce que j'ai marqué à l'article des procédés, & notamment à la page 63 & suivantes de la premiere Partie. Tout usage contraire, sur-tout en ce qui regarde le tems où il faut tirer le vin, est abusif & démontré préjudiciable à la bonne qualité du vin. Relativement à ce dernier objet, rien de moins bien vû que de tirer le vin avant que la fermentation sensible soit achevée, si ce n'est de le tirer long-tems après, comme cela ſe pratique très-mal à propos dans le Berry, la Franche-Comté, &c.

J'ajouterai que dans les années de verdeur, principalement, il eſt très-important de mettre le vin de preſſurage à part; j'en excepte celui qui vient juſqu'aux premiers tours de roue de la premiere ſerre. C'eſt la même qualité de vin que de celui qui eſt tiré de la cuve, ſi ce n'eſt qu'il eſt plus chargé de lie; mais cette lie ſe précipite, & le vin en eſt tout auſſi bon.

A l'égard de l'autre, il n'eſt point fait, il eſt verd, &c. & il ne peut que déprimer le premier; d'ailleurs on ſera toujours à tems de le mêler quand on le jugera à propos; mais dans le cas dont il s'agit, je ne le conſeille point; un pareil mêlange, j'en ai la preuve, nuit plus qu'il ne profite: les deux vins réunis ſe vendent moins & moins facilement que s'ils étoient ſéparés, & il en réſulte que ſouvent il n'y a que de mauvais vins où il pourroit y en avoir de bons. J'ai actuellement ſous les yeux un vin qui étoit très-bon, très-agréable, & même, au beſoin, potable au ſortir de la cuve; on y a mis le vin de preſſurage, & il eſt verd, dur, & vaut même, par par proportion, infiniment moins qu'il auroit valu ſans ce mêlange. Tout le monde ſent qu'un vin, qui n'a tout juſte que ce qu'il lui faut pour être bon, ne peut plus l'être ſi on le mêle avec un quart, un cinquiéme, plus ou moins, de vin inférieur & mauvais. Voilà comme les mauvais vins ſe multiplient au préjudice du propriétaire même, du Conſommateur, & de l'Etat. Je finis cet article en obſervant à l'égard des vins verds, &c. qui d'ailleurs ont un peu de fond, qu'un moyen ſûr pour diminuer, & quelquefois même pour emporter leur acidité, c'eſt de les expoſer pendant l'hiver à l'air & au froid, beaucoup plus qu'on ne fait; le tartre s'en précipite plus vîte & en plus grande quantité, & il s'échappe beaucoup d'air qui, tant qu'il eſt dans la liqueur, ne peut qu'en augmenter la verdeur.

Au reſte, après avoir, comme on vient de le voir, plié en partie ma Méthode aux uſages reçus ; après en avoir, dans la vue de la rendre plus pratiquable & plus utile, retranché toutes les opérations laborieuſes & qui pouvoient embarraſſer & retarder le cours de la vendange, telles que le foulage à meſure & à fond, l'égrapage & les chaudronnées qui, par ce nouveau plan, ſe trouvent preſque réduites à rien ; enfin après avoir levé tous les obſtacles qui pouvoient en éloigner, je me flatte que tous les Vignobles auxquels elle ne demande ni peine, ni ſoins, ni dépenſes extraordinaires, s'empreſſeront à l'adopter & à profiter des avantages qu'elle leur offre : quoique modifiée, ils y trouveront dans les années défavorables des moyens ſûrs pour bonifier leurs vins, comme a fait en'trautres M. l'Abbé Lafont dans la huitiéme Expérience. Dans les bonnes années, ils y trouveront pareillement des moyens éprouvés pour améliorer leurs vins & en prévenir les défauts, tels que la graiſſe, l'amertume, &c. Ainſi tout doit les porter à préférer ma Méthode, puiſque, tout bien conſidéré, ils ne peuvent que gagner à la pratiquer.

BIBLIOTHÈQUE NATIONALE R.F. IMPRIMÉS

F I N.

BIBLIOTHÈQUE NATIONALE R.F. DÉPÔT LÉGAL

FIN.

www.ingramcontent.com/pod-product-compliance
Ingram Content Group UK Ltd.
Pitfield, Milton Keynes, MK11 3LW, UK
UKHW021059200726
13857UKWH00003B/1014